essentials

Springer Essentials sind innovative Bücher, die das Wissen von Springer DE in kompaktester Form anhand kleiner, komprimierter Wissensbausteine zur Darstellung bringen. Damit sind sie besonders für die Nutzung auf modernen Tablet-PCs und eBook-Readern geeignet. In der Reihe erscheinen sowohl Originalarbeiten wie auch aktualisierte und hinsichtlich der Textmenge genauestens konzentrierte Bearbeitungen von Texten, die in maßgeblichen, allerdings auch wesentlich umfangreicheren Werken des Springer Verlags an anderer Stelle erscheinen. Die Leser bekommen „self-contained knowledge" in destillierter Form: Die Essenz dessen, worauf es als „State-of-the-Art" in der Praxis und/oder aktueller Fachdiskussion ankommt.

Ekbert Hering

Zeitmanagement für Ingenieure

Ekbert Hering
Hochschule für angewandte
Wissenschaften Aalen
Aalen, Deutschland

ISSN 2197-6708   e-ISSN 2197-6716
ISBN 978-3-658-03999-8   ISBN 978-3-658-04000-0 (eBook)
DOI 10.1007/978-3-658-04000-0

Die Deutsche Nationalbibliothek verzeichnet diese Publikation in der Deutschen National-
bibliografie; detaillierte bibliografische Daten sind im Internet über http://dnb.d-nb.de ab-
rufbar.

Springer Vieweg
© Springer Fachmedien Wiesbaden 2014

Springer Vieweg ist eine Marke von Springer DE. Springer DE ist Teil der Fachverlagsgruppe
Springer Science+Business Media
www.springer-vieweg.de

Vorwort

Dieses Werk basiert auf dem „Handbuch Betriebswirtschaft für Ingenieure" von Ekbert Hering und Walter Draeger, 3. Auflage 2000. Dieses Werk hat sich einen hervorragenden Platz als Lehrbuch für Studierende, insbesondere der Ingenieurwissenschaften, und als Standard-Nachschlagewerk für Ingenieure in der Praxis geschaffen. Die Vorteile sind die *große Praxisnähe* (das Werk wurde von Praktikern für Praktiker geschrieben), die Präsentation der *ganzen Breite des Managementwissens* sowie die vielen Beispiele, welche die sofortige Umsetzung in den betrieblichen Alltag ermöglichen.

Die Methoden des Zeitmanagements werden im Vergleich zum Ausgangswerk wesentlich ausführlicher behandelt. Richtige Entscheidungen zu treffen ist eine zentrale Aufgabe der Unternehmensführung. Deshalb werden die Voraussetzungen für gute Entscheidungen, die Entscheidungs-Portfolios, erweitert. Vorschläge zur rationellen Durchführung von Besprechungen, von Besuchen und zum Telefonieren werden erteilt, der professionelle Umgang mit Zeiträubern erläutert und Tipps zum Zeitsparen vorgestellt.

Weil die Zeit die Lebensqualität bestimmt, werden auch die Weiterentwicklungen des Zeitmanagements zu einem erfüllten Lebensentwurf angesprochen.

Ekbert Hering

Inhaltsverzeichnis

Einleitung 1

Die Zeit ist ein besonders wertvolles Gut. Dies drücken folgende Thesen aus:

- Zeit ist ein absolut knappes Gut.
- Zeit ist nicht käuflich.
- Zeit kann nicht gelagert oder vermehrt werden.
- Zeit verrinnt kontinuierlich und unwiderruflich.
- Zeit ist mehr als Geld: Zeit ist Leben.

Viele Philosophen haben sich zum Wesen der Zeit Gedanken gemacht. So spricht beispielsweise Seneca:

> Es ist nicht zu wenig Zeit, die wir haben, sondern es ist zu viel Zeit, die wir nicht nutzen!

> Unsere Zeit wird und teils geraubt, teils abgeluchst und was übrig bleibt, verliert sich unbemerkt!

Studien zeigen, dass bei Ingenieuren generell eine hohe Arbeitsbelastung vorliegt, insbesondere in den Bereichen Einkauf, Produktion und Verkauf. Der Zeitdruck bei den Ingenieurtätigkeiten hat folgende Gründe:

- *Verkürzung der Lebensdauer von Produkten.*

Produkte weisen eine immer kürzere Lebensdauer auf. Das bedeutet, dass der Zwang entsteht, neue Produkte innerhalb relativ kurzer Zeit zu entwickeln.

E. Hering, *Zeitmanagement für Ingenieure*, essentials,
DOI 10.1007/978-3-658-04000-0_1, © Springer Fachmedien Wiesbaden 2014

- *Zeit zum Geldverdienen wird kürzer*

Hier spielen zwei Effekte eine wichtige Rolle. Zum einen verkürzt die Lebensdauer von Produkten auch die Zeit, um auf dem Markt Geld zu verdienen. Verschärfend kommt aber noch dazu, dass die hohen Investitionskosten für neue Produkte deren Amortisationszeit verlängern. Aus diesen Gründen nimmt die Zeit, Gewinne zu erzielen, dramatisch ab.

- *Der frühe Markteintritt ist entscheidend*

Zunächst muss der richtige Zeitpunkt des Markteintritts gefunden werden. Dann verdient aber das Unternehmen man meisten Geld, welches als erster in den Markt eintritt. Das heißt, je schneller das neue Produkt die Marktreife schafft, umso gewinnträchtiger ist das Produkt.

Alle diese Gründe zeigen, dass besonders Ingenieure unter einem hohen Zeitdruck stehen. Deshalb ist für diese Berufsgruppe ein gutes Zeitmanagement entscheidend wichtig. Ein solches Zeitmanagement bietet eine systematische Methode an, um die Zeit *optimal* einzuteilen und die Tätigkeit auf *wesentliche Aufgaben* zu konzentrieren. Damit ist man nicht nur im Beruf erfolgreich. Es steht auch für das Privatleben so viel Zeit zur Verfügung, dass sich Erholung, Ausgeglichenheit und Zufriedenheit einstellen. Ein optimales Zeitmanagement im Beruf erhöht die Leistungsfähigkeit und senkt spürbar die Hektik, den Stress, die Ruhelosigkeit und die gefühlte Arbeitszeitbelastung. Dies hat zur Folge, dass man im privaten Bereich mehr Zeit für den Partner, für Freunde, Sport und Freizeit hat. Kurz zusammengefasst: Ein richtiges Zeitmanagement erhöht die *Lebensqualität.*

Selbsteinschätzung

Im Folgenden wird an Hand von Fragen ermittelt, wie man mit der Zeit umgeht. Es geht dabei um die zeitliche Belastung, die Güte des Zeitmanagements und die Qualität der Planung eines Tagesablaufs. Dabei werden folgende Tests eingesetzt:

2.1 Workaholic-Test

Dazu werden die Fragen nach Tab. 2.1 beantwortet und entsprechend ausgewertet.

2.2 Zeit-Nutzwert

Wird der Fragebogen nach Tab. 2.2 ausgefüllt und ausgewertet, dann ist erkennbar, wie gut das Zeitmanagement ist.

2.3 Tagesgestaltung

In Tab. 2.3 ist zusammengestellt, wie ein Tag sinnvoll geplant werden kann. Je mehr dieser Vorschläge bereits berücksichtigt sind, desto besser ist die Organisation des Tagesablaufes.

E. Hering, *Zeitmanagement für Ingenieure,* essentials,
DOI 10.1007/978-3-658-04000-0_2, © Springer Fachmedien Wiesbaden 2014

Tab. 2.1 Workaholic-Test nach L. J. Seiwert (Quelle: Hering, E., Draeger, W.: Handbuch Betriebswirtschaft für Ingenieure, 3. Auflage 2000)

Höhe des Workaholics-Werts	immer	oft	nie
Arbeiten Sie täglich mehr als 10 Std.?			
Arbeiten Sie an Wochenenden und Feiertagen?			
Können Sie bei jeder Gelegenheit arbeiten?			
Sind Sie jeden Tag ausgebucht?			
Haben Sie zu wenig Schlaf?			
Fällt es Ihnen schwer, in Urlaub zu fahren?			
Fällt es Ihnen schwer, absolut nichts zu tun?			
Sind Sie ehrgeizig und strebsam?			
Lieben Sie Ihre Arbeit?			
Wenn Sie alleine essen, arbeiten oder lesen Sie?			
Gesamtpunktzahl	x3	x2	x1
Summe Workaholics-Wert:			

Auswertung:
10 bis 15 Punkte: kein Workaholic   Rubrik immer: Faktor 3
16 bis 22 Punkte: vielbeschäftigt   Rubrik oft: Faktor 2
23 bis 30 Punkte: ernsthaft gefährdeter Workaholic   Rubrik nie: Faktor 1

Tab. 2.2 Bestimmung des Zeit-Nutzwertes (Güte des Zeitmanagements) (Quelle: Hering, E., Draeger, W.: Handbuch Betriebswirtschaft für Ingenieure, 3. Auflage 2000)

Höhe des Zeit-Nutzwerts	immer	oft	nie
Haben Sie genügend Zeit für Ihre Arbeits- und Terminplanung?			
Legen Sie schriftlich Ihre Aufgaben und deren Endtermin fest?			
Erledigen Sie die wichtigen Dinge zuerst?			
Erledigen Sie nur die Dinge, die Sie selbst tun müssen oder wollen und delegieren Sie die anderen Aufgaben?			
Können Sie während wichtiger Aufgaben ungestört sein?			
Berücksichtigen Sie für Ihre Arbeiten Ihre persönliche Leistungskurve?			
Haben Sie Spielräume für Unvorhergesehenes in Ihrer Zeitplanung?			
Vergeben Sie den Aufgaben Prioritäten und erledigen Sie diese nach dieser Reihenfolge?			
Können Sie jeden Vorgang nur einmal bearbeiten?			

Tab. 2.2 Fortsetzung

Höhe des Zeit-Nutzwerts	immer	oft	nie
Planen Sie regelmäßig auch angenehme, private Termine?			
Gesamtpunktzahl	x3	x2	x1
Summe Workaholics-Wert:			

Auswertung:
10 bis 15 Punkte: keine Zeitplanung   Rubrik immer: Faktor 3
16 bis 22 Punkte: mäßige, zu verbessernde Zeitplanung   Rubrik oft: Faktor 2
23 bis 30 Punkte: gutes Zeitmanagement   Rubrik nie: Faktor 1

Tab. 2.3 Organisation des Tagesablaufes nach L. J. Seiwert (Quelle: Hering, E., Draeger, W.: Handbuch Betriebswirtschaft für Ingenieure, 3. Auflage 2000)

Organisation des Tagesablaufs
Tagesanfang
positive Einstimmung zum Tagesbeginn
gemütliches Frühstück und ohne Hast zur Arbeit
Arbeitsbeginn zu gleichbleibenden Zeiten
kurze Anlaufzeit im Büro
Terminplan mit Sekretärin abstimmen
wichtige Schwerpunktaufgabe sofort am Morgen erledigen
Tagesablauf
gute Arbeitsvorbereitung
stille Stunden in den störarmen Zeiten einrichten
Tagesstörkurve berücksichtigen
kleinere, ähnliche Aufgaben im Block erledigen
angefangene Arbeiten abschließen
zur richtigen Zeit Pausen einlegen
unvorhergesehene, emotionale Arbeiten vermeiden
Zeiten einhalten und Zeitplan prüfen
Tagesende
möglichst alles Unerledigte abschließen
dem Tag einen Höhepunkt geben
abschließende Kontrolle des Arbeitsplans
Zeitplan für den nächsten Tag erledigen
mit positiver Stimmung den Tag beenden

Gegebenheiten 3

Um die Zeit optimal verwalten zu können, müssen folgende einfache Gegebenheiten berücksichtigt werden:

3.1 Leistungskurve

Der menschliche Tagesrhythmus ist sehr stark abhängig von der Ortszeit, dem Klima und den Lebensgewohnheiten. In der Regel hat die körperliche und geistige Leistungsfähigkeit über 24 Stunden den nach Abb. 3.1 dargestellten Verlauf. Zwischen 8 Uhr und 11 Uhr morgens ist die leistungsstarke Zeit. Nach der Mittagspause gegen 14 Uhr ist ein Leistungstief festzustellen. Zwischen 18 Uhr und 21 Uhr steigert sich wieder die Leistungsfähigkeit, allerdings nicht wieder zu dem Höhepunkt am Morgen. Ab 22 Uhr ist ein deutlicher Leistungsabfall festzustellen mit einem absoluten Leistungstief gegen 3 Uhr morgens. Von da ab tritt eine Leistungssteigerung ein, so dass etwa ab 5 Uhr morgens wieder eine positive Leistung vorhanden ist.

Es ist darauf hinzuweisen, dass diese Leistungskurven nur im Durchschnitt für den Menschen gelten. Für Abendmenschen und Schichtarbeiter sieht die Leistungskurve anders aus. Sie besitzt am Morgen ihr Leistungstief und steigert sich bis in die Abendstunden zum Leistungshoch. Aus diesem Grund sollte man seine eigene Leistungskurve selbst bestimmen und seine Tätigkeiten danach ausrichten.

3.2 Tagesstörkurve

Die Tagesstörkurve in einem Unternehmen weist einen prinzipiellen Verlauf nach Abb. 3.2 auf. Die ruhigsten Zeiten sind zwischen 7 Uhr und 8 Uhr morgens. Zwischen 8 und 10 Uhr sind nur mäßige Störungen zu verzeichnen. Weil man in diesen

E. Hering, *Zeitmanagement für Ingenieure*, essentials,
DOI 10.1007/978-3-658-04000-0_3, © Springer Fachmedien Wiesbaden 2014

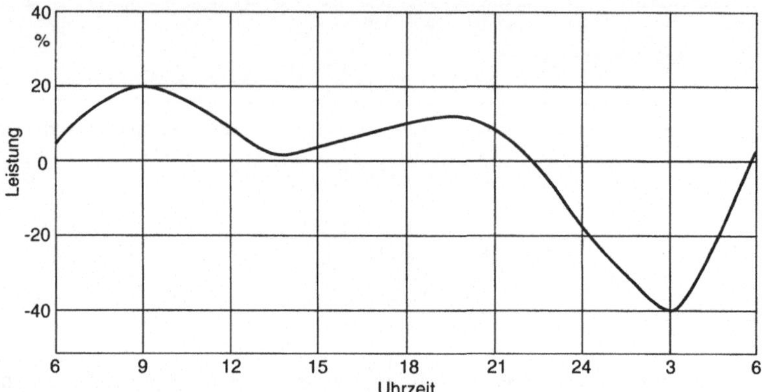

Abb. 3.1 Normale Leistungskurve. (Quelle: Hering, E., Draeger, W.: Handbuch Betriebs-wirtschaft für Ingenieure, 3. Auflage 2000)

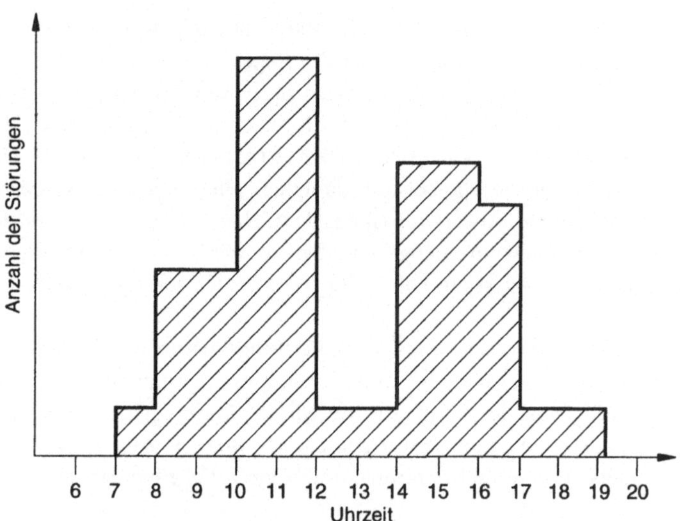

Abb. 3.2 Tagesstörkurve. (Quelle: Hering, E., Draeger, W.: Handbuch Betriebswirtschaft für Ingenieure, 3. Auflage 2000)

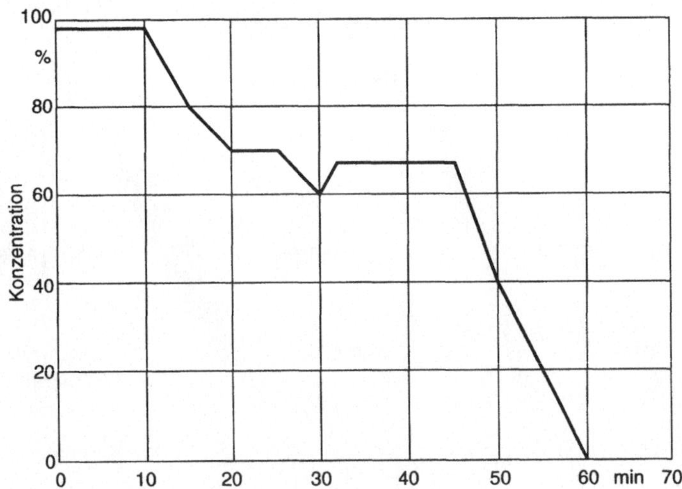

Abb. 3.3 Konzentrationsabfall mit der Zeit. (Quelle: Hering, E., Draeger, W.: Handbuch Betriebswirtschaft für Ingenieure, 3. Auflage 2000)

Zeiten in der Regel sein Leistungshoch hat und unter geringen Störeinwirkungen zu leiden hat, ist es sinnvoll, die wichtigsten Tagesaufgaben in diese Zeit zu verlegen. Die Zeit größter Störungen liegt zwischen 11 Uhr und 12 Uhr. In dieser Zeit sollte man Routinearbeit erledigen. Während der Mittagspause ist es meist störungsfrei. Deshalb kann man in dieser Zeit sehr konzentriert und störungsfrei arbeiten. Der Störpegel schnellt nach der Mittagspause um 14 Uhr wieder an und lässt ab Geschäftsschluss deutlich nach.

3.3 Konzentrationsabfall

Der Mensch kann sich nicht beliebig lange konzentrieren. Der Konzentrationsverlauf ist in Abb. 3.3 zu sehen. Bereits nach 10 min stellen sich die ersten Konzentrationsschwächen ein. Nach einer Stunde fällt die Konzentration beinahe auf null ab. Deshalb ist es wichtig, spätestens nach einer Stunde, am besten aber nach 45 min, eine Pause einzulegen.

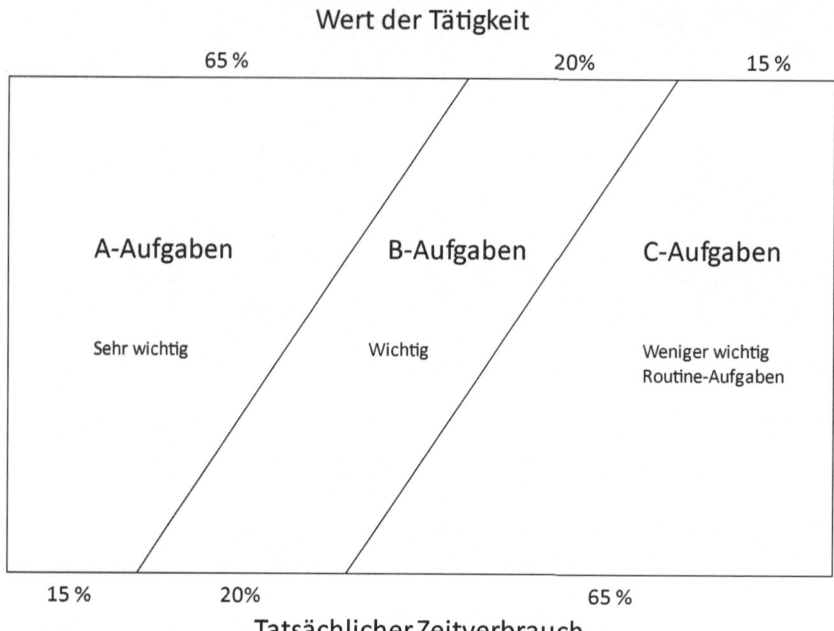

Abb. 3.4 Pareto-Prinzip beim Zeitmanagement. (Eigene Darstellung)

3.4 Pareto-Prinzip (ABC-Prinzip oder 20/80-Regel)

Für das Zeitmanagement bedeutet das Pareto-Prinzip: In 20 % der eingesetzten
Zeit lassen sich 80 % aller wesentlichen Arbeiten durchführen. Aus der Fülle der
Arbeiten muss deshalb die Entscheidung getroffen werden, welche Arbeiten vorrangig mit *Prioritäten* durchzuführen sind. Oft besteht die tägliche Arbeit nur aus
wenigen Aufgaben, die von *hoher Wichtigkeit und Dringlichkeit* sind. Die restlichen
Tätigkeiten sind zwar meist sehr zeitintensiv, aber für die Erreichung eines Zieles
nicht ausschlaggebend. Um die wesentlichen Aufgaben von den weniger wichtigen
trennen zu können, bedient man sich der ABC-Analyse. Wird der Wert der Tätigkeiten auf 100 % normiert und der dazu notwendige Zeitverbrauch ebenfalls, dann
zeigt Abb. 3.4 Folgendes:

A-Aufgaben (15 % aller Aufgaben) sind von besonders hohem Wert und benötigen lediglich 15 % der Zeit. Diese wichtigen Aufgaben können nur von der
Führungskraft allein oder im Team gelöst werden (möglichst in der Phase hoher

Leistungsfähigkeit). *B-Aufgaben* (20 % aller Aufgaben) sind durchschnittlich wichtige Probleme. Sie benötigen ebenfalls 20 % der Zeit und können teilweise delegiert werden. *C-Aufgaben* (65 % aller Aufgaben) sind als weniger wichtig und meist Routinearbeiten (in Phasen niedriger Leistungsfähigkeit zu erledigen). Sie benötigen aber 65 % der Zeit. Reine Routinearbeiten, haben einen geringen Wert und sollten unbedingt delegiert werden. Deshalb gilt folgende wichtige Aussage:

Es gilt vorrangig die *richtigen Dinge* zu tun (effektiv zu sein), und dann die Dinge richtig zu tun (effizient zu sein). Das heißt, es geht *Effektivität vor Effizienz.*

Methoden des Zeitmanagements

4

4.1 Zielsetzungen

Erfolg wird erreicht, indem Ziele klar und eindeutig festgelegt werden und anschließend der Erfolg als Grad der Zielerreichung kontrolliert wird. Ziele bestimmen die Handlungen und deren Reihenfolge und dienen gleichzeitig als Maßstab zur Beurteilung von Leistung. Um die *richtigen Ziele* zu finden, müssen folgende drei Bereiche untersucht werden:

1. Zielanalyse (was will ich?),
2. Situationsanalyse (was kann ich?) und
3. Zielformulierung (wie kann ich was erreichen?).

- *Zielanalyse*

Eine wesentliche Voraussetzung für die Zielsetzung ist die Zielanalyse. Hierbei wird festgelegt, was man in seinem Leben in beruflicher, privater und sonstiger Hinsicht in diesem Jahr, im nächsten Jahr, in fünf Jahren und als Lebensziel erreichen möchte. Ein Beispiel ist in Tab. 4.1 zusammengestellt.

- *Situationsanalyse*

Eine Situationsanalyse gibt Aufschluss über persönliche Stärken und Schwächen. Sie liefert den Hinweis auf die Möglichkeit, welche Ziele zu erreichen sind und welche Fähigkeiten noch verbessert werden müssen (Tab. 4.2).

E. Hering, *Zeitmanagement für Ingenieure*, essentials,
DOI 10.1007/978-3-658-04000-0_4, © Springer Fachmedien Wiesbaden 2014

Tab. 4.1 Beispiel einer Zielanalyse (eigene Darstellung)

	Berufliche Wünsche
Kurzfristig	Studium des Maschinenbaus
Mittelfristig	Abteilungsleiter in der Industrie
Langfristig	Professur an einer Hochschule
	Private Wünsche
Kurzfristig	Schönes Haus
Mittelfristig	Harmonische Familie
Langfristig	Gesundheit aller Familienmitglieder
	Sonstige Wünsche
Kurzfristig	Vorbild für Mitarbeiter und Studierende
Mittelfristig	Genügend Mittel für Reisen
Langfristig	Zufriedenheit

Tab. 4.2 Situationsanalyse (eigene Darstellung)

sehr schwach	schwach	Kriterien	stark	sehr stark
		Entscheidungsfreudigkeit	x	
		Analytisches Denken	x	
	x	Kreativität		
	x	Überzeugungskraft		
	x	Durchsetzungsfähigkeit		
		Stress-Stabilität	x	
		Kritikvermögen	x	
		Konzentrationsfähigkeit		x
		Lernfähigkeit		x
	x	Kontaktfähigkeit		
	x	Teamfähigkeit		
		Motivationsfähigkeit	x	
x		Hilfsbereitschaft		
		Arbeitsmethodik	x	
		Allgemeinwissen		x
		Fachwissen	x	
	x	Managementwissen		
x		Sprachkenntnisse		

- *Zielformulierung*

Ziel- und Situationsanalyse werden in der abschließenden Zielformulierung zusammengefasst und auf ihre Durchführbarkeit überprüft.

4.2   Planung nach der ALPEN-Methode

Die Planung legt durch eine systematische Untersuchung des Aufgabenbereiches die Teilaufgaben und deren Reihenfolge fest, damit die Ziele mit den vorgegebenen Zeiten und innerhalb eines Kostenrahmens erreicht werden können. Der Sinn einer Planung besteht darin,

- mehr Zeit für andere berufliche und private Aufgaben freizusetzen,
- einen Überblick über alle laufenden Aufgaben zu erhalten und
- Stress abzubauen.

Als Grundlage der Planung dient nach Seiwert die ALPEN-Methode in folgenden Schritten:

- Aktivitäten und Termine zusammenstellen,
- Länge der Tätigkeiten schätzen,
- Pufferzeiten reservieren,
- Entscheidungen treffen und
- Nachkontrolle.

4.2.1   Zusammenstellen von Aktivitäten und Terminen

Den Ausgangspunkt für die Zeitplanung bildet der *Tagesplan* (Tab. 4.3).
Ein solcher Plan enthält folgende Rubriken:

- regelmäßig wiederkehrende Aufgaben,
- Telefonate,
- Briefwechsel, E-Mail-Verkehr,
- Termine,
- Unerledigtes vom Vortag und
- Aufgabenkatalog.

Tab. 4.3 Tagesplan Montag, den 24. September

Uhrzeit	Termine	Dauer	Kontakte
8	Diplomarbeit besprechen	0,5	Telefonate
9	Monatsauswertung VP-Prüfen	0,75	Prof. Dr. Schreiber Prof. Dr. Dr. Hering Prof. Dr. Weber
10	Post Briefe diktieren	1,0	Direktor Dorsch Jürgen Marquardt
11	Personalgespräch Herr C.	0,5	Briefe: Festing GmbH
12	Mittagessen mit Herrn O.	1,0	Plagwitz Optik AG Maschinenfabrik Hering GmbH
13	Briefe diktieren	0,5	Taylorix Fachverlag
14	Telefonate	1,0	
15	Wertanalysegruppe vorbereiten	0,75	Aufgaben: Tagesplan erstellen, Diplomarbeit besprechen
16	stille Stunde		Werbeetat vorbereiten, Monatsauswertung prüfen
17	Werbe-Etat prüfen	0,5	
18	Parteisitzung vorbereiten	0,5	WA-Sitzung vorbereiten Personalgespräch Herr Dumke
19	Bodybuilding		Controllingkonzept für FuE-Bereich prüfen
20	Bodybuilding		
21	Parteisitzung		Sonstiges:
22	Parteisitzung		Englischkurs anmelden Tisch bei Willi bestellen
23	Parteisitzung		

Folgende Punkte sollten bei der Erstellung von Tagesplänen berücksichtigt werden:

- Nur 60 % der Zeit sollte verplant werden; die restlichen 40 % sollten für unvorhergesehene und spontane Aktivitäten reserviert bleiben.
- Die Zeitvorgaben sollten realistisch angesetzt werden.
- Um eine gewisse Selbstdisziplin zu erreichen, sollten zusätzlich zu der Tätigkeitsdauer auch die Endtermine verbindlich angegeben werden.
- Die einzelnen Tätigkeiten sollten mit Prioritäten versehen werden.
- Die Möglichkeit der Delegation sollte immer mit eingeplant werden.
- Persönliche Störgrößen (z. B. unnötige Telefonate) sollten abgebaut werden.
- Telefonate, Briefwechsel, Gespräche, Bearbeiten von E-Mails und ähnliches sollten zu Zeitblöcken zusammengefasst werden.
- Der Tagesplan sollte eine gewisse Abwechslung erhalten, um Monotonie zu vermeiden.

4.2.2   Schätzen der Länge von Aktivitäten

Bei der Zeitplanung ist folgender Effekt zu berücksichtigen: Meist wird so *viel Zeit benötigt*, wie tatsächlich *zur Verfügung* steht. Es gilt, vereinfacht gesagt, die Formel:

$$\text{Energie} * \text{Zeit} = \text{konstant.}$$

Das heißt, wenn man viel Zeit hat, dann wird in die Aufgabe wenig Energie gesteckt und wenn man wenig Zeit hat, dann wird man mit viel Energie handeln müssen. Im Grund bedeutet dies, dass häufig viele Arbeiten unter Zeitdruck bei gleicher Ausführungsqualität wesentlich schneller zu erledigen sind. Deshalb müssen die Zeiten mit großer Sorgfalt geschätzt und als *realistische Zeiten* eingetragen werden. Dies betrifft sowohl die Zeitdauer als auch die Endtermine.

4.2.3   Reservieren von Pufferzeiten

Nach einem alten Sprichwort: „Erstens kommt es anders, zweitens als man denkt", sollten Pufferzeiten wie folgt vorgesehen werden:

- 60 % für geplante Aktivitäten,
- 20 % für spontane Aktivitäten (Störungen, Zeitdiebe) und
- 20 % für schöpferische und soziale Aktivitäten (kreative Zeiten).

4.2.4   Entscheidungs-Portfolios

- *Entscheidungs-Portfolio nach Dringlichkeit und Wichtigkeit*

Die Entscheidungen werden in diesem Portfolio nach ihrer Dringlichkeit und Wichtigkeit eingeteilt (Abb. 4.1). Dies soll der ehemalige US-Präsident Eisenhower bei seinen Entscheidungen zugrunde gelegt haben, weshalb es auch *Eisenhower-Prinzip* genannt wird.

Daraus sind folgende Aktionen abzuleiten:

- *A-Aufgaben*

Diese sind dringend und wichtig. Sie müssen von den *Führungskräften* selbst und als erstes erledigt werden (im *Leistungshoch*).

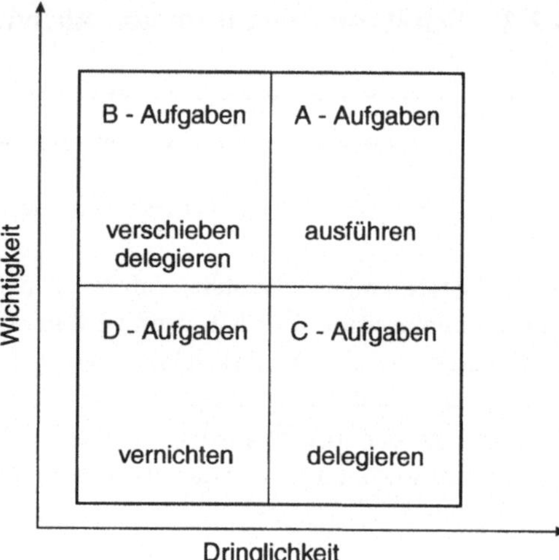

Abb. 4.1 Dringlichkeits-Wichtigkeits-Portfolio (Quelle: Hering, E., Draeger, W.: Handbuch Betriebswirtschaft für Ingenieure, 3. Auflage 2000)

- *B-Aufgaben*

Diese sind zwar wichtig, aber nicht dringend. Für solche Aufgaben werden die Zeitdauer und der Endtermin festgelegt, *delegiert* und anschließend *kontrolliert*.

- *C-Aufgaben*

Solche Aufgaben sind dringend, aber nicht wichtig. Sie werden *delegiert* und *nachrangig erledigt*. Es ist empfehlenswert, diese Tätigkeiten von *Mitarbeitern als Block* im *Leistungstief* erledigen zu lassen.

- *D-Aufgaben*

Diese Tätigkeiten sind weder dringend noch wichtig. Solche Arbeiten sollten nicht weiter verfolgt werden. Man heftet entweder die Papiere ab oder, was besser ist, man wirft die Unterlagen sofort weg. Dabei muss man sich vor Augen halten, dass nur 4 % der Informationen wieder gebraucht werden und 50 % aller Informationen überflüssig sind.

- *Entscheidungs-Portfolio nach Reversibilität und Auswirkungen*

Ein anderes Portfolio teilt die Entscheidungen danach ein, ob sie reversibel sind (d. h. rückgängig gemacht werden können) und ob die Auswirkungen der Ent-

Abb. 4.2 Reversibilitäts-Auswirkungs-Portfolio für Entscheidungen (Eigene Darstellung)

<table>
<tr><td rowspan="2">Entscheidungen haben große Auswirkungen</td><td>ja</td><td>2
Vorsichtig, mit Überlegung entscheiden (1 bis 2 Nächte darüber schlafen)</td><td>4
Viel Zeit zur Entscheidung nehmen Vor- und Nachteile abwägen Auswirkungen bis zum Schluss durchdenken</td></tr>
<tr><td>nein</td><td>1
Sofort und ohne viel Nachdenken entscheiden</td><td>3
Vorsichtig, mit Überlegung entscheiden (1 bis 2 Nächte darüber schlafen)</td></tr>
<tr><td></td><td></td><td>ja</td><td>nein</td></tr>
<tr><td></td><td></td><td colspan="2">Entscheidungen sind reversibel</td></tr>
</table>

scheidungen groß sind. In Abb. 4.2 ist dieses Portfolio dargestellt und in den Feldern ist zu sehen, wie gründlich bzw. schnell die Entscheidungen zu fallen sind. Es gelten folgende Regeln:

1. Entscheidungen, die reversibel sind und geringe Auswirkungen haben: Sofort ohne viel Nachdenken entscheiden.
2. Entscheidungen, die reversibel sind, aber große Auswirkungen haben: Vorsichtig und mit Überlegung entscheiden. Oft ist es nützlich, eine Nacht oder zwei Nächte darüber zu schlafen und dann zu entscheiden.
3. Dinge, die nicht reversibel sind, aber geringe Auswirkungen haben: Vorsichtig und mit Überlegung entscheiden. Oft ist es nützlich, eine Nacht oder zwei Nächte darüber zu schlafen und dann zu entscheiden.
4. Dinge, die nicht reversibel sind, aber große Auswirkungen haben: Viel Zeit zur Entscheidung nehmen, alle Vor- und Nachteile auflisten und abwägen sowie alle Auswirkungen bis zum Ende durchdenken und dann erst entscheiden.

Man wird feststellen, dass sehr viele Entscheidungen zur Kategorie 1 gehören (reversible Entscheidungen mit geringen Auswirkungen) und daher schnell entschieden werden können. Deshalb hat man meistens die erforderliche Zeit für die schwierigen Entscheidungen nach Kategorie 4 (nicht reversible Entscheidungen mit großen Auswirkungen).

4.2.5   Richtig delegieren und motivieren

Bereits in dem Dringlichkeits-Wichtigkeits-Portfolio (Abb. 4.1) wurde ersichtlich, dass es Aktivitäten gibt, die delegiert werden können (Dinge, die zwar wichtig, aber weniger dringlich sind (B-Aufgaben) und Dinge, die zwar dringlich, aber weniger wichtig sind (C-Aufgaben). Berücksichtigt man noch die ABC-Analyse nach Abb. 3.4, so wird klar, dass in der Delegation ein erheblicher Zeitgewinn für Führungskräfte liegen kann.

Eine Delegation kann folgende Vorteile haben:

- Entlastung der Führungskräfte. Diese haben dann mehr Zeit für die dringlichen und wichtigen Aufgaben.
- Nutzen der Fachkenntnisse der Mitarbeiter.
- Entwicklung von Selbständigkeit, Initiative und Verantwortung der Mitarbeiter.
- Erhöhung der Motivation und der Zufriedenheit der Mitarbeiter.

Die zu delegierenden Aufgaben werden in folgenden Schritten ausgewählt:

1. *Schritt: Zusammenstellung der anstehenden Aufgabe. Sortieren der Aufgaben nach der Wichtigkeit (Abb. 3.4)*
2. *Schritt: Bewertung der Aufgaben nach ihrer Wichtigkeit nach dem ABC-Raster.*
3. *Schritt: Verteilung der Zeiten (15 % für A-Aufgaben, 20 % für B-Aufgaben, 65 % für C-Aufgaben.*
4. *Schritt: Prüfung der Delegation*

Hier fallen die Entscheidungen zur Delegation. Es ist darauf zu achten, dass die ausgewählte Person entsprechend kompetent und motiviert ist. Während der Delegation sollte in die Arbeiten möglichst nicht eingegriffen werden. Der Mitarbeiter sollte aber immer das Gefühl haben, dass er bei Schwierigkeiten unterstützt wird. Neben der Delegation der Aufgabe müssen auch die Methoden, die Befugnisse und Kompetenzen sowie die Verantwortung übertragen werden. Dazu beantwortet man folgende Fragen:

- *Wer* soll es tun?
- *Warum* soll er es tun (Motivation)?
- *Wie* soll er es tun (Umfang, Details)?
- *Womit* soll er es tun (Arbeitsmittel)?
- *Wie lange* darf es dauern?
- *Wann* muss es fertig sein?

Tabelle 4.4 zeigt ein Beispiel.

Tab. 4.4 ABC-Analyse als Vorbereitung zur Delegation von Aufgaben (Quelle: Hering, E., Draeger, W.: Handbuch Betriebswirtschaft für Ingenieure, 3. Auflage 2000)

Aufgabe	Datum	A	B	C	delegiert	Ende	erledigt
Diplomarbeit besprechen	24.09.		x		–	24.09.	
Werbeetat vorbereiten	24.09.	x			–	24.09.	
Monatsauswertung prüfen	24.09.		x		Herr L.	25.09.	
Wertanalysesitzung vorbereiten	24.09.		x		–	24.09.	
Personalgespräch mit Herrn C.	24.09.	x			–	24.09.	
Controllingkonzept für FuE prüfen	24.09.	x			Herr M.	30.10.	
Vorstandsentwurf vorbereiten	25.09.		x		Herr B.	05.10.	
Hotel buchen	25.09.			x	Frau B.	27.09.	
Konkurrenzanalyse ausführen	25.09.		x		Herr S.	30.10.	

Bevor endgültig festgelegt wird, welche Mitarbeiter bis zu welchem Termin welche Arbeit erledigen sollen, müssen die erwähnten Gegebenheiten berücksichtigt werden: die *Leistungskurve* (Abb. 3.1) und die *Tagesstörkurve* (Abb. 3.2).

4.2.6 Nachkontrolle

Meist beschränkt sich die Kontrolle der Aktivitäten auf die aufgewendete Zeit und auf den Abschlusstermin. Die eigenen Tätigkeiten, aber besonders die delegierten Aktivitäten müssen kontrolliert werden. Die Kontrolle kann nach dem klassischen Ablauf erfolgen:

- Erfassen des IST-Zustandes,
- SOLL/IST-Vergleich,
- Abweichungsanalyse und
- Gegensteuerungsmaßnahmen.

Tabelle 4.5 zeigt ein Beispiel, das sich auf die delegierten Aufgaben nach Tab. 4.4 bezieht.

Zur *Selbstkontrolle* kann folgende *Fingerformel* hilfreich sein:

- *D*(aumen): *Denkergebnisse:* Was sind meine heutigen Erfahrungen? Was habe ich gelernt?
- *Z*(eigefinger): *Zielerreichung:* Was habe ich heute geschafft und welche Ziele habe ich erreicht?
- *M*(ittelfinger): *Mentalität:* In welcher Stimmung oder mentalen Verfassung war ich heute?
- *R*(ingfinger): *Ratgeber:* Womit habe ich anderen heute geholfen, sie gefördert oder motiviert?
- *K*(leiner Finger): *Körper:* Bin ich heute fit? Habe ich etwas für meine Kondition oder Gesundheit getan?

4.3 Rationelles Arbeiten in Arbeitsblöcken

Für eine rationelle Abwicklung ist es, wie bereits erwähnt, zwingend erforderlich, gleichartige Tätigkeiten zu *Arbeitsblöcken* zusammenzufassen. Wie Abb. 4.3 zeigt, benötigt die einzelne Ausführung von gleichartigen Tätigkeiten, wie Briefe schreiben, E-Mails beantworten, Telefonate und Besprechungen, wesentlich mehr Zeit als die Zusammenfassung dieser Aufgaben in Blöcke.

Tab. 4.5 Kontrolle der Aktivitäten (eigene Darstellung)

Aufgabe	SOLL-Datum	SOLL-Dauer	IST-Datum	IST-Dauer	Abweichungsgründe	Maßnahmen
Monatsauwertung prüfen	25.9.	1 Tag	25.9.	1 Tag	OK	OK
Controlling-Konzept F + E	30.10.	26 Tage	15.11.	37 Tage	Vorgehensweise unklar	Genaues Vorgehen klären
Vorstandsentwurf	5. 10.	6 Tage	9. 10.	9 Tage	Daten nicht alle vorhanden	Datenbasis und Zugriff verbessern
Hotel buchen	27. 9.	2 Tage	26. 9.	1 Tag	OK, weniger Zeit gebraucht	Weniger Zeit einplanen
Konkurrenzanalyse	30. 10.	26 Tage	22. 11.	42 Tage	Krankheit	für Ersatz sorgen

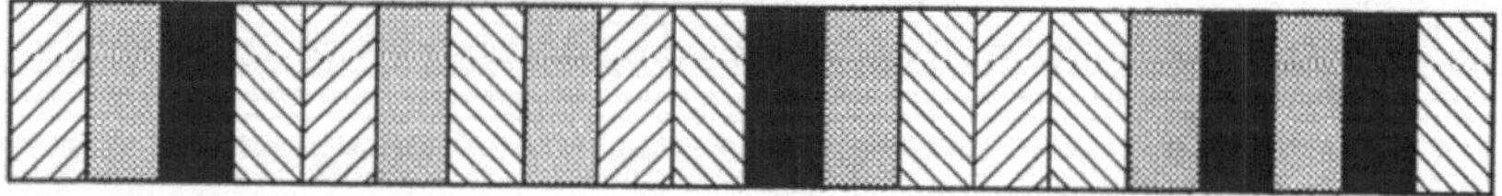

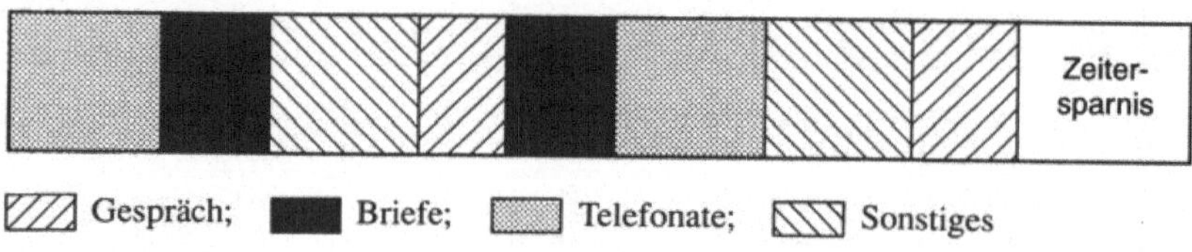

Abb. 4.3 Zeitgewinn beim Zusammenfassen von Arbeitsblöcken (Quelle: Hering, E., Draeger, W.: Handbuch Betriebswirtschaft für Ingenieure, 3. Auflage 2000)

Weil die dauernde Erreichbarkeit und die sofortige Reaktion auf E-Mails die Mitarbeiter daran hindern, konzentriert und am Stück komplizierte Arbeiten zu verrichten, sind folgende Empfehlungen angebracht:

- Akustische E-Mail-Benachrichtigung sofort ausschalten.
- Möglichst viele E-Mails löschen.
- Die Weiterleitungs-Funktion möglichst selten anwenden und nur dann, wenn es wirklich notwendig ist (nicht jeder muss über alles informiert sein). So wird der E-Mail-Überschwemmung Einhalt geboten.
- E-Mails am Stück in Blöcken bearbeiten (wenn es geht in Phasen geringer Konzentration) und maximal 3 mal am Tag (morgens, mittags, abends).
- Die Kunden von der E-Mail-Bearbeitung in Kenntnis setzen.
- Wenn möglich, einen E-Mail-freien Tag oder halben Tag vereinbaren.

4.4 Besprechungs-Management

In Unternehmen finden sehr viele Besprechungen statt. Sie dienen dem Informationsaustausch und der Entscheidungsvorbereitung. In vielen Fällen werden auch wichtige Entscheidungen gefällt, die für die betreffenden Mitarbeiter Arbeitsaufträge enthalten. Es ist sehr wichtig, dass diese Besprechungen effektiv und effizient abgehalten werden. Dazu helfen folgende Vorschläge:

1. *Phase der Vorbereitung*
   - Frage nach der Notwendigkeit dieser Besprechung und nach eventueller Alternativen (z. B. Telefon- oder Videokonferenz).
   - Tagesordnungspunkte mit Zielen, Verantwortlichkeiten und Zeitvorgaben.
   - Den am besten geeigneten Termin festlegen.
   - Kürzest mögliche Dauer der Besprechung.
   - Kleinst möglicher Teilnehmerkreis.
   - Besprechungszimmer ohne Störungen und mit medialer Infrastruktur.
2. *Während der Besprechung*
   - Pünktlicher Beginn.
   - Protokoll möglichst sofort erstellen und Arbeitspakete sofort und klar definieren (während der Besprechung an die Wand projizieren und direkt prüfen lassen).
   - Killerphrasen und emotionale Entgleisungen ausschalten.
   - Zielsetzungen der Tagesordnungspunkte verfolgen.
   - Entscheidungen fällen und Maßnahmen klar definieren.
   - Ergebnisse zusammenfassen.
   - Pünktlich und mit positiven Worten aufhören.
   - Protokoll aushändigen.
3. *Nach der Besprechung*
   - Nicht Erledigtes auf die nächste Tagesordnung legen oder über andere Kanäle erledigen (z. B. per Mail oder Telefonkonferenzen).
   - Maßnahmenplan verfolgen

4.5 Telefon-Management

Nach wie vor sind Telefongespräche mit Mitarbeitern innerhalb des Unternehmens oder mit Personen außerhalb des Unternehmens sehr häufig und wichtig. Für ein effizientes Telefonieren werden folgende Vorschläge unterbreitet

1. *Phase der Vorbereitung*
   - Ziele des Anrufes.
   - Anzurufende Personen.
   - Zeit des Anrufes.
   - Fragen beim Anruf notieren.
   - Wichtige Unterlagen bereitstellen.
   - Ziel des Gesprächspartners erahnen.
   - Fragen des Partners und seine Einwände vorwegnehmen und reagieren.
   - Kompromisslinien und Zugeständnisse bereitlegen.

2. *Während des Telefonates*
   - Höflich bleiben und zielführend telefonieren.
   - Hart in der Sache, aber verbindlich und freundlich im Ton.
   - Auf gegenseitige Vorteile hinweisen.
   - Ergebnisse erzielen und festhalten.
3. *Nach dem Telefonat*
   - Ergebnisse schriftlich festhalten.
   - Ergebnisse dem Telefonpartner nochmals schriftlich (per Mail) bestätigen.
   - Maßnahmen auflisten und veranlassen (wer, was, bis wann).

4.6   Besuchs-Management

Hier ist eine Entscheidung zwischen angemeldeten und nicht angemeldeten Besuchern zu treffen. Für angemeldete Besucher ist folgendes Vorgehen sinnvoll:

1. *Phase der Vorbereitung*
   - Bitte an den Besucher, seine Angelegenheit (wer, was, warum, wozu, bis wann) auf maximal einer DIN A4-Seite schriftlich vorher einzureichen.
   - Festlegen des Themas und der Ziele.
   - Festlegen des Termins und der Dauer.
   - Bereitstellung der eigenen Unterlagen und des schriftlich formulierten Besucherzieles.
   - Festlegen des Vorgehens.
2. *Während des Besuches*
   - Kurze, freundliche Begrüßung.
   - Ziele miteinander definieren.
   - Keine Abschweifungen vom Thema.
   - Aktiv zuhören.
   - Einhaltung der Zeitdauer.
   - Kurze Zusammenfassung der Ergebnisse.
   - Beendigung mit persönlichen Worten.
3. *Nach dem Besuch*
   - Ergebnisse dem Besucher mitteilen (per Mail).
   - Erforderliche Maßnahmen einleiten (wer, was, bis wann).
   - Ergebnisse dokumentieren.

Nicht angemeldete Besucher zu behandeln, ist ungleich schwieriger. Es ist zu empfehlen, möglichst alle Besucher an bestimmte *Sprechzeiten* zu gewöhnen, zu vorher vereinbarten Terminen zu erscheinen und sie bitten, ihr Anliegen vorher schriftlich einzureichen. Nicht sehr vorteilhaft ist dabei die Politik der „offenen Türen", weil sie zu unangemessenen Aktionen, Reaktionen und unvorteilhaften Ergebnissen durch Überrumpelung führen kann. Eine wichtige Rolle spielt dabei das *Sekretariat*. Es sollte Anweisungen haben, welche Personen erwünscht sind und welche nicht und die entsprechenden Besprechungstermine vergeben können.

Falls sich doch unangemeldet Besucher einstellen, so ist es sinnvoll, nach dem Anliegen des Besuches zu fragen. Wenn dies schnell zu erledigen geht, sofort erledigen, sonst sollte man einen Besprechungstermin vereinbaren.

4.7 Richtiger Umgang mit Zeiträubern

Eigene Verhaltensweisen oder Störungen vor außen rauben unnötig Zeit. Zu diesen Zeiträubern gehören:

- Unklare Zielvorstellungen,
- fehlende Übersicht über die anstehenden Aufgaben,
- keine Prioritäten,
- keine Tagesplanung,
- zu viele Aktivitäten gleichzeitig (keine Konzentration auf Wesentliches),
- Angst, Fehler zu begehen,
- Perfektionismus (Wunsch, alle Fakten und Details zu kennen),
- mangelhaftes Ablagesystem (zu viel Suchen),
- persönliche Desorganisation,
- mangelnde Motivation, Koordination und Disziplin,
- Aufgaben nicht zu einem Ende führen können,
- unvollständige und verspätete Informationen,
- unpräzise Kommunikation,
- mangelnde Vorbereitung,
- zu lange Besprechungen,
- Aufschieberitis,
- mangelnde Delegationsbereitschaft und
- Unfähigkeit, „nein" zu sagen.

Es ist zu empfehlen, die persönlichen Zeiträuber festzustellen und geeignete Maßnahmen zu ergreifen, um sie unschädlich zu machen.

Weitere Tipps zum Zeitsparen

Im Folgenden werden weitere Möglichkeiten aufgeführt, wie Zeit gespart werden kann:

- *Einsetzen moderner Technik*

Bereits der Laptop hat es den Menschen ermöglicht, Arbeiten an Stellen außerhalb des Büros zu erledigen. Tablets und Smartphones sind wesentlich kleiner und ebenfalls sehr leistungsstark. Mit ihnen und der darauf installierten Software (z. B. Outlook) kann auf sehr kleinem Raum viel Arbeit erledigt werden. Insofern dient die moderne Technik dazu, dass produktiver und schneller gearbeitet werden kann. Dies ermöglicht vor allem Klein- und Mittelbetrieben mit einem geringen Kostenaufwand eine hohe relative Wettbewerbsfähigkeit.

- *Verringern des Medienkonsums*

Fernsehkonsum und nicht zielorientiertes Surfen im Internet kostet viel Zeit, die besser genutzt werden könnte. Deshalb ist anzuraten, den Medienkonsum einzuschränken, um so mehr Zeit (auch für Familie und Freunde) zu haben.

- *Methode des Schnell-Lesens*

Ein normaler Mensch liest etwa 200–250 Wörter pro Minute. Mit speziellen Techniken des Schnell-Lesens schafft man es auf gut 400–500 Wörter pro Minute. Es genügt aber nicht, nur schnell lesen zu können, man muss auch die wichtigsten Informationen behalten.

E. Hering, *Zeitmanagement für Ingenieure*, essentials, 29
DOI 10.1007/978-3-658-04000-0_5, © Springer Fachmedien Wiesbaden 2014

Eine Methode des Schnell-Lesens ist die ÜFLFÜ-Methode:

- *Ü*: Überfliegen des Lesestoffs vor dem Lesen. Das Deutsche hat den Vorteil, dass es Groß- und Kleinschreibung gibt: Subjekte und Objekte werden groß geschrieben und Verben klein. So kann man sehr leicht erfahren, wer oder was (Subjekt oder Objekt) handelt (aktives Verb) oder behandelt wird (passives Verb).
- *F*: Fragen nach dem wesentlichen Inhalt des Artikels.
- *L*: Lesen mit Konzentration.
- *F*: Festhalten der wichtigsten Aussagen mit eigenen Worten (möglichst schriftlich).
- *Ü*: Überprüfen des Gedächtnisses nach ein paar Stunden und wiederholtes Einprägen der wesentlichen Informationen (Üben).

- *Ausfüllen von Wartezeiten*

Die meisten Personen bringen oft viele Stunden auf Flughäfen oder beim Warten auf Züge oder Busse zu. Aber auch vor und nach Besprechungen können Wartezeiten liegen. Diese werden zwar häufig durch Beantworten von E-Mails genutzt oder aber durch Surfen im Internet überbrückt. Es ist aber auch anzudenken, die Zeiten am Stück zum Bearbeiten von komplexen Aufgaben zu nutzen. Auch die Fahrtzeiten im Auto können dazu verwendet werden, sich durch Hörbücher weiterzubilden („fahrende Universität").

- *Nein-Sagen*

Wir haben uns daran gewöhnt, oft „ja" zu sagen. Das bedeutet, dass wir uns mit den Zielen anderer beschäftigen und so weniger Zeit haben, unsere eigenen Ziele zu verwirklichen. Es ist durchaus sinnvoll, „nein" zu sagen und dem Bittenden aber freundlich klar zu machen, dass dies nur deshalb geschieht, weil andere Dinge Priorität haben.

- *Zeitlimits setzen*

Wie bereits erwähnt, hat man häufig so viel Zeit, wie man sich nimmt (Energie*Zeit = konstant). Deshalb ist es oft sinnvoll, sich selbst unter Druck zu setzen und ein Zeitlimit vorzugeben.

- *Papier nur einmal in die Hand nehmen*

Wichtige Papiere sollten nur einmal in die Hand genommen werden und die entsprechenden Aktivitäten sofort ausgeführt werden. Manche Papiere werden oft in die Hand genommen und die erforderlichen Aktivitäten verschoben. Zur Kontrolle kann man das Papier jedes Mal, wenn man es in die Hand nimmt, mit einem farbigen Punkt kennzeichnen. Als Faustregel gilt: Sind mehr als 3 farbige Punkte zu erkennen, dann sollte sofort gehandelt und die „Aufschieberitis" beendet werden.

- *Schlafen Sie nur so viel wie nötig*

Jeder Mensch hat seine eigenen Schlafgewohnheiten. Es ist gesundheitsschädlich, zu wenig zu schlafen. Aber es ist auch Zeitverschwendung, zu viel zu schlafen. Jeder Mensch sollte seine Schlafgewohnheiten und seine Schlafzeiten kennen und auf diese Weise die richtige Schlafmenge zur richtigen Schlafenszeit ermitteln.

- *Ordnung am Arbeitsplatz*

Ordnung am Arbeitsplatz und ein gutes und konsequentes Ablagesystem hilft, die entsprechenden Informationen schnell zu finden. Dies betrifft auch die elektronischen Ordner im Computer. Es gilt der wichtige Satz: „Jedes Ding hat einen Platz und jedes Ding hat seinen Platz!". Das bedeutet: Alle Informationen oder Sachen werden immer an der gleichen Stelle deponiert. Dann ist ein Zugriff innerhalb kürzester Zeit möglich und die Informationen können auch von anderen Mitarbeitern genutzt und gepflegt werden.

Es ist kaum möglich, mit diesen Tipps am Tag Stunden einzusparen. Viele kleine Zeiteinsparungen und das Berücksichtigen einiger wichtiger Tipps sparen erfahrungsgemäß maximal eine Stunde Zeit am Tag.

Work-Life-Balance 6

Effektives und effizientes Zeitmanagement ist ein wesentlicher Baustein zur Erhöhung der Lebensqualität. In einem erfüllten Leben müssen folgende vier Bereiche ausgeglichen sein (Abb. 6.1):

- *Leistung*

Ohne Leistung und Anstrengung ist kein Erfolg möglich, wird niemand Karriere machen können und es fehlt dann an Geld und Wohlstand.

- *Sinn*

Aber Leistung ist nicht alles. Man muss nach ethischen Werten leben (z. B. in einer Religionsgemeinschaft), Liebe erfahren und Liebe geben können. Man erfährt so Anerkennung und Erfüllung und ist zufrieden.

- *Kontakt*

Der Mensch ist ein soziales Wesen. Ohne Kontakte verkümmert er. Deshalb ist wichtig, Zeit zu haben für die Familie, für Freunde und Bekannte und sich engagieren können in Vereinen.

- *Körper*

Für ein mit Sinn erfülltes Leben voller Schaffenskraft, das Kontakte zu anderen Menschen pflegt, ist eine robuste Gesundheit unerlässlich. Deshalb muss auch für die Gesunderhaltung eines Menschen Zeit zur Verfügung stehen.

Unter diesen Gesichtspunkten, ist ein gutes Zeitmanagement Voraussetzung für die Balance zwischen den genannten Bereichen. Das Zeitmanagement darf nicht

E. Hering, *Zeitmanagement für Ingenieure*, essentials, DOI 10.1007/978-3-658-04000-0_6, © Springer Fachmedien Wiesbaden 2014

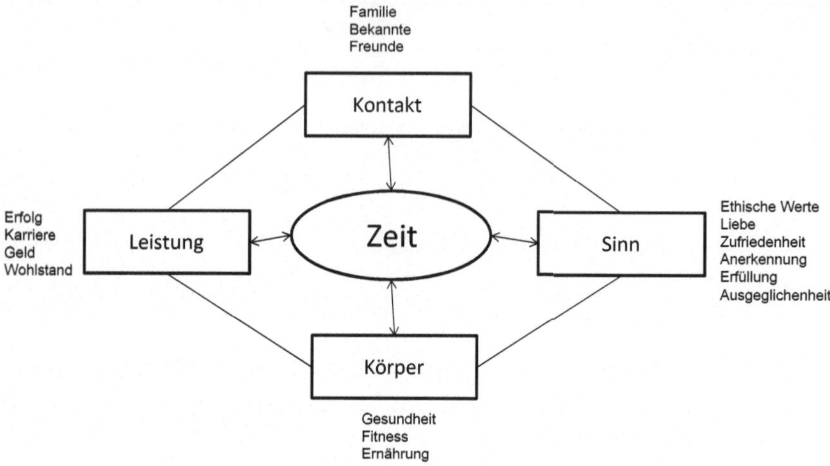

Abb. 6.1 Balance menschlicher Bedürfnisse (Eigene Darstellung)

absolut gesehen werden: Zeiten optimal zu managen, um noch mehr Zeit für die Leistungssteigerung und Karriere aufzuwenden – dies ist bestimmt der falsche Weg zu einem erfüllten Leben. Sinnvolles Zeitmanagement erlaubt Zeitgewinne, die zur Erhöhung der Lebensqualität in den von Abb. 6.1 genannten Bereichen führen.

Literatur

Hering, E., Draeger, W.: Handbuch Betriebswirtschaft für Ingenieure. Springer Verlag, 3. Auflage (2000).

Hering, M., Knoblauch, J.W.: Lebensbuch: Von der Uhr zum Kompass. Tempus-Verlag (2005).

Knoblauch, J.W., Hüger, J., Mockler, M.: Dem Leben Richtung geben. In drei Schritten zu einer selbstbestimmten Zukunft. Heyne-Verlag, 2. Auflage (2009).

Rixen, M.: Zeitmanagement für Führungskräfte. Akademischer Verlag (2012).

Seiwert, L.J.: Das 1 × 1 des Zeitmanagements. Gabal-Verlag, Bd. 10 (1996).

Seiwert, L.J.: Mehr Zeit für das Wesentliche. Besseres Zeitmanagement mit der SEIWERT-Methode. MVG-Verlag (2002).

Seiwert, L.J.: Noch mehr Zeit für das Wesentliche. Goldmann Verlag (2009).

E. Hering, *Zeitmanagement für Ingenieure*, essentials,
DOI 10.1007/978-3-658-04000-0, © Springer Fachmedien Wiesbaden 2014